家居装修选材完全图解
成品板材

袁倩 万丹 万阳 主编

化学工业出版社
·北 京·

内 容 简 介

本书共分为3章，列举了家装中所用的成品板材，详细介绍了各类材料的名称、特性、规格、价格、使用范围等内容，着重讲解各种材料的选购方法与识别技巧。讲解了多种方法以供判断各种材料的质量，可满足现代家居装修设计与施工的实际需求。

本书可供现代装修消费者、装修设计师、项目经理、材料经销商阅读参考。

图书在版编目（ＣＩＰ）数据

家居装修选材完全图解．成品板材／袁倩，万丹，
万阳主编．--北京：化学工业出版社，2022.7
ISBN 978-7-122-35672-7

Ⅰ．①家… Ⅱ．①袁… ②万… ③万… Ⅲ．①住宅－
室内装修－装修材料－图解 Ⅳ．①TU56-64

中国版本图书馆CIP数据核字（2020）第040179号

责任编辑：邢启壮 吕佳丽　　　　　　装帧设计：史利平
责任校对：宋 玮

出版发行：化学工业出版社（北京市东城区青年湖南街13号　邮政编码 100011）
印　　装：北京宝隆世纪印刷有限公司
710mm×1000mm　1/16　印张5　字数109千字　2023年1月北京第1版第1次印刷

购书咨询：010-64518888　　　　　　售后服务：010-64518899
网　　址：http://www.cip.com.cn
凡购买本书，如有缺损质量问题，本社销售中心负责调换。

前言

　　家居装修的质量主要是由材料与施工两方面决定的，而施工的主要媒介又是材料，在不可再生资源日益枯竭的今天，木材以其特有的可再生、可自然降解、美观和调节室内环境等天然属性，以及加工能耗小等特性，为社会的可持续发展发挥自己的作用。

　　现代家装材料品种丰富，业主在装修选购之前应该基本熟悉材料的名称、特性、用途、规格、价格、鉴别方法等方面的内容。一般而言，常用的装修材料都会有2~3个名称，选购时要分清学名与商品名。本书正文的标题均为学名，在正文中对于多数材料同时也给出了商品名。本书对烦琐且深奥的装饰过程进行分解，化难为易，为广大装修业主提供切实有效的参考依据。

　　了解材料的工艺与特性能够帮助装修业主合理判断材料的质量、价格与应用方法，避免因错买材料而造成麻烦。了解材料用途、规格能够帮助装修业主正确计算材料的用量，不至于造成无端的浪费。材料的价格与鉴别方法是本书的核心，为了满足全国各地业主的需求，每种材料会给出一定范围的参考价格，业主可以根据实际情况来选择不同档次的材料。

　　本书由袁倩、万丹、万阳主编，黄溜、刘峻任副主编，参编人员有：郭华良、朱涵梅、王宇、湛慧、张泽安、万财荣、杨小云、汤宝环、高振泉、张达、朱钰文、刘嘉欣、史晓臻、刘沐尧、陈爽、金露、张慧娟、牟思杭、汤留泉。

　　本书的编写耗时3年，所列材料均为近5年来的主流产品，具有较强的指导意义，在编写过程中得到了多位同仁提供的帮助，在此表示衷心感谢。

　　由于编者水平有限，书中不妥之处在所难免，恩请广大读者批评、指正。

编者

2022年1月

目录

第3章
辅助材料

第1章
木质板材

识读难度： ★★★★☆

核心概念： 指接板、木芯板、生态板、刨花板、纤维板、实木地板、软木墙板、实木复合地板、强化复合木地板、竹地板

章节导读： 木材是装饰材料中使用最为频繁的材料，工厂会将各种质地的原木加工成不同规格的型材，便于运输、设计、加工、保养等。由于木质材料的种类多，为了保证设计效果与装修品质，在选购时需要掌握一些方法。本章列举了目前国内市场上能够购买到的大多数装修木质材料，详细讲解了材料的选购知识，帮助设计师、装修业主进行正确选购。

1.1 指接板

指接板又被称为机拼实木板，由多块经过干燥、裁切成型的实木板拼接而成，上下无需粘压单薄的夹板。由于竖向木板之间采用锯齿状接口，类似手指交叉对接，因此称为指接板。

指接板的性能相对稳定，强度为天然实木的1~1.5倍。指接板表面平整，物理性能与力学性能良好，具有质坚、吸声、绝热等特点，而且含水率不高，在10%~13%之间，加工简便，目前大量用于家居装修中。指接板在制作过程中，可以保留自身所固有的天然纹理，也可以根据设计需要制作外部贴面，指接板在生产过程中的用胶量比传统木芯板少得多，因此是较木芯板更环保的一种板材，目前已经有很多装修业主乐于选用指接板替代木芯板。

↑三层指接板

单层指接板一般不用于制作柜门，尤其是宽度＞300mm、长度＞600mm的柜门，大幅面板材无支撑而单独使用的容易发生变形。此外，由于指接板没有上下层的单板压合，因此在施工时应该尽量少用木钉、气排钉固定，为防止钉子直接嵌入木质纤维后发生松动，一般多采用螺钉或成品固定连接件作安装。

↑指接板表面

指接板的常见规格为2440mm×1220mm，厚度主要有12mm、15mm、18mm等，最厚可达36mm。目前，市场上销售的指接板有单层板与三层板两种，其中三层叠加的板材抗压性与抗弯曲性较好。普通单层指接板厚度为12mm与15mm，市场价格为120元／张左右，主要用于支撑构造，三层指接板厚度为18mm，市场价格为150元／张左右，主要用于家具、构造的各种部位，甚至装饰面层（家具柜门板）。

★ 指接板的鉴别与选购

步骤1　选购品牌

选购指接板时需要注意鉴别质量，除了选购当地的知名品牌外，还要留意板材外观。

步骤2　从年轮鉴别好坏

指接板多由杉木加工而成，其年轮较为明显，年轮越大，说明树龄长，材质就越好，此外，不同的树种价格不同。

步骤3　是否有节

指接板还分为有节与无节两种：有节的存在疤眼影响美观；无节的不存在疤眼，较为美观。现在流行直接采用指接板制作家具，其表面不用再贴饰面板，既能显露出天然的木质纹理，又能降低制作成本。

步骤4　感受触感

中高档的产品表面抚摸起来非常平整，无毛刺感，且都会采用塑料薄膜包装，用于防污防潮。

←指接板家具。使用指接板制作的家具比较耐用，指接板表面的纹理也赋予了家具更多的装饰性

指接板的板材常用松木、杉木、桦木、杨木等树种制作，其中以杨木、桦木为最好，其质地密实，木质不软不硬，握钉力强，不会轻易变形。

↑ 指接板表面纹理

↑ 优质产品标识十分清晰

↑ 指接板家具

↑ 平抚表面

步骤5　看颜色

优质指接板的颜色比较均匀，而劣质指接板的指接块颜色差别却有时较大，深浅差别也很明显。

步骤6　找针孔

优质指接板指接齿的部位严丝合缝，劣质指接板可以明显看到指接齿的地方有小针孔。

不同等级的指接板一览 ●大家来对比●

等级	特点
AA级标准	板材双面无结疤、黑节，无缺材，且双面颜色基本一致，无明显色差，偏白；双面基本没有针孔，单个面内针孔控制在3处以内；湿度不高于12%；双面平整，无波浪；厚度达标；指接位纹理清晰，拼缝无脱胶开裂现象
A级标准	双面无结疤、无缺材；双面颜色基本一致，无明显色差；湿度不高于12%；双面平整，无波浪；厚度达标；指接位与拼缝处无脱胶开裂现象
AB级标准	正面基本无结疤、无缺材；反面为结疤、树芯材；湿度不高于12%；厚度达标；指接位与拼缝无脱胶开裂现象
C标准	双面为结疤，厚度达标；湿度不高于12%；指接位与拼缝无脱胶开裂现象

1.2　木芯板

木芯板又被称为细木工板，俗称大芯板，是由两片单板中间胶压拼接木板而成。中间的木板是由优质天然木料经热处理（即烘干室烘干）以后，加工成一定规格的木条，由机械拼接而成。

拼接后的木板两面各覆盖两层优质单板，再经冷、热压机胶压后制成，具有质轻、易加工、握钉力好、不变形等优点，是家居装修与家具制作的理想材料，它取代了传统装饰装修中对原木的加工，使装饰装修的工作效率大幅度提高。

木芯板的材种有许多种，如杨木、桦木、松木、泡桐等，其中以杨木、桦木为最好，其质地密实，木质不软不硬，握钉力强，不易变形；而泡桐的质地轻软，吸收水分大，握钉力差，不易烘干，制成的板材在使用过程中，当水分蒸发后易干裂变形。而硬木质地坚硬，不易压制，拼接结构不好，握钉力差，变形系数大。

↑三层木芯板

↑木芯板表面

木芯板的常见规格为2440mm×1220mm，厚度有15mm与18mm两种，其中15mm厚的木芯板市场价格120元/张左右，主要用于制作小型家具（电视柜、床头柜）及装饰构造，18mm厚的板材为120～180元/张不等，主要用于制作大型家具（衣柜、储藏柜）。

★木芯板的鉴别与选购

木芯板的加工工艺分为机拼与手拼两种，手拼是用人工将木条镶入夹板中，木条受到的挤压力较小，拼接不均匀，缝隙大，握钉力差，不能锯切加工，只适宜做部分装修的子项目，如用作实木地板的垫层毛板等；而机拼的板材受到的挤压力较大，缝隙极小，拼接平整，承重力均匀，可长期使用，结构紧凑不易变形。

步骤1 检查相关质量文件

在大批量购买时，应该检查产品是否配有检测报告及质量检验合格证等质量文件，知名品牌会在板材侧面标签上设置防伪检验电话，以供消费者拨打电话进行验证。

步骤2 看等级

一般木芯板按品质分可以分为一、二、三等，直接用作饰面板的，应该使用一等板，只用作底板的可以用三等板。

步骤3 看表面质感

一般应该挑选表面干燥、平整，节子、夹皮少的板材，木芯板一面必须是一整张木板，另一面只允许有一道拼缝，且表面必须光洁。

步骤4 看补胶情况

观测其周边有无补胶、补腻子的现象，胶水与腻子都是用来遮掩残缺部位或虫眼。必要时，可以从侧面或锯开后的剖面检查芯板的薄木质量和密实度。

↑观察侧边。侧边腻子遮盖过多会使板材整体承重力减弱，使板材结构发生扭曲、变形，影响外观及使用效果

↑产品标签。优质品产品信息十分齐全，且产品标签上字迹清晰，图标完整

1.3 生态板

生态板，全称是三聚氰胺浸渍胶膜纸饰面人造板，简称三氰板、免漆板。它是将带有颜色或纹理的纸放入三聚氰胺树脂胶黏剂中浸泡，然后干燥，将其铺装在木芯板、指接板、胶合板等板面，形成具有一定防火性能的装饰板。

　　生态板一般是由数层纸张组合而成，数量多少根据用途而定。生态板一般由表层纸、装饰纸、覆盖纸与基层板等组成。表层纸位于最上层，起到保护装饰纸的作用，使加热加压后的板表面高度透明，板表面坚硬耐磨，洁白干净，浸胶后透明。装饰纸是指经印刷后得到的各种图案的纸，位于表层纸的下面，具有良好的遮盖力及浸渍性。覆盖纸位于装饰纸的下部，能够防止底层酚醛树脂透到表面，可遮盖基材表面的色泽斑点。以上三种纸张需分别浸以三聚氰胺树脂。基层板主要起受力作用，是浸以酚醛树脂胶后经干燥而成，生产时可以根据用途或装饰板的厚度确定若干层。生态板能使家具外表坚硬，制作的家具不必上漆，表面自然形成保护膜，耐磨、耐划、耐酸碱、耐烫、耐污染，表面平滑光洁，容易维护清洗。

↑生态板（一）

↑生态板（二）

在家居装修中，生态板一般用于橱柜或成品家具制作，可以在很大程度上取代传统木芯板、指接板等木质构造材料。但是由于表面覆有装饰层，在施工中不能采用气排钉、木钉等传统工具、材料固定，只能采用卡口件、螺钉作连接，施工完毕后还需在板面四周贴上塑料或金属边条，防止板芯中的甲醛向外扩散。

生态板的规格为2440mm×1220mm，厚度为15～18mm，其中15mm厚的板材价格为80～120元／张，特殊花色品种的板材价格较高。

★ 生态板的鉴别与选购

步骤1　看表面光滑度

优质的生态板表面十分光滑，且即使用钥匙摩擦板材，表面痕迹也不会很明显；而劣质的生态板材，表面则会比较粗糙，凹凸不平。

步骤2　闻气味

生态板主要分为E0级、E1级，E0级甲醛释放量≤0.5mg/L，E1级甲醛释放量≤1.5mg/L，满足这两个等级基本是闻不到气味的。

↑看光滑度。将生态板放置在光线稍暗的地方，倾斜板材查看板材表面是否平整光滑，有无明显接缝，用手仔细去摸，光滑感越强的，板材材质越好

↑闻气味。将多张生态板材放在一起，嗅闻板材的气味，优质的生态板没有刺鼻的气味，如果有刺鼻气味，表示甲醛释放量很高

步骤3　检查侧面是否有品牌标志

　　正规公司出产的生态板，在板材一侧大多数都有公司名字，或是封边扣条上也有刻印的品牌字母缩写之类的标志。

步骤4　观察板面

　　选购生态板时，除了挑选色彩与纹理外，主要观察板面有无污斑、划痕、压痕、孔隙、气泡，尤其是板面有无鼓泡现象、有无局部纸张撕裂或缺损现象等。

步骤5　看固化程度

　　生态板表面是贴三聚氰胺纸的，三聚氰胺纸是原纸经过三聚氰胺胶浸泡烘干而成的，如果烘干不彻底，就会造成表面不光滑，不好打理。

步骤6　看贴牢度

　　仔细查看装饰纸与生态板材之间的贴合程度，贴合不牢固的，锯开会有崩边现象，会增加加工难度，影响美观。

步骤7　看色彩是否均匀一致

　　正规生态板的颜色均匀一致，没有明显色差，也不会出现局部有点状、块状、黑点等不和谐颜色现象，也不会有褪色、起皮开胶等缺陷。

↑看贴牢度。取生态板样品，用强力胶在小块样品上粘住，并用力拉，看是否能将装饰纸张拉掉或用手在横切面上用手抠一下，看能否将最上面的装饰纸抠掉

↑看固化程度。取生态板样品，用鞋油、口红或笔涂在板面上，几分钟后看能否完全擦掉，可以擦掉的为优质品

★选材小贴士

生态板优势

生态板表面美观、施工方便、生态环保、耐划耐磨，这些优质的特点使得生态板在如今越来越受到消费者的青睐和认可。使用生态板制作而成的各种造型的板式家具环保性和美观性都比较好，不仅越来越受大众喜爱，同时还适合大众使用。

步骤8　看是否开裂和鼓泡

生态板材开裂和鼓泡是胶合强度和基材引起的质量问题，开裂说明基材用胶量少，整体比较干燥。

步骤9　测量板材厚度

可以用卷尺测量一张生态板不同侧边的厚度，或者测量几张板材的厚度。正规的生态板，厚度均匀，板材稳定，一般厚度为15～18mm。

↑生态板家具（一）

↑生态板家具（二）

1.4 刨花板

刨花板又被称为微粒板、蔗渣板，也有进口高档产品被称为定向刨花板或欧松板。它是以木材或其他木质纤维素材料制成的碎料为原料，施加胶黏剂后在热力和压力作用下胶合而成的人造板。

在现代家居装修中，纤维板与刨花板均可取代传统木芯板制作衣柜，尤其是带有饰面的板材，无须在表面再涂饰油漆、粘贴壁纸，施工快捷、效率高，外观平整。但是这两种板材对施工工艺的要求很高，要使用高精度切割机加工，还需要使用优质的连接件固定，并作无缝封边处理，如果装饰公司或施工队没有这样的技术功底，最好不要选用这两种材料。

刨花板根据表面状况分为未饰面刨花板与饰面刨花板两种，现在用于制作衣柜的刨花板都有饰面。刨花板在裁板时容易造成参差不齐的现象，由于部分工艺对加工设备要求较高，不宜现场制作，故而多在工厂车间加工后运输到施工现场组装。

刨花板的规格为2440mm×1220mm，厚度为3～75mm不等，常见的19mm厚的覆塑刨花板价格为80～120元／张。

↑ 刨花板

↑ 定向刨花板

施工时，由于刨花板密度比较疏松，板材之间很少采用圆钉或气排钉固定，采用白乳胶粘接的效果也不佳，因此多采用螺钉与专用连接件固定。刨花板只能作很缓和的弯曲处理，表面一般不作覆面装饰，完全露出板材固有的纹理，涂饰透明木器漆即可显示其原始、朴实的装饰审美效果。

★刨花板的鉴别与选购

步骤1　**看边角**

评价刨花板的质量关键在于边角，板芯与饰面层的接触应该特别紧密、均匀，不能有任何缺口。可以用手抚摸未饰面刨花板的表面，应该感觉比较平整，无木纤维毛刺。

步骤2　**看横截面**

从横截面，可以清楚地看到刨花板的内部构造，刨花板的颗粒越大越好，一般颗粒大的刨花板着钉比较牢固，便于施工。

↑单板饰面刨花板

↑刨花板家具

★选材小贴士

刨花板选购要注意

市场上的刨花板质量参差不齐，劣质的刨花板环保性很差，甲醛含量超标严重，但随着国家对环保的重视，优质刨花板的环保性已经得到了保障。

1.5 纤维板

纤维板是人造木质板材的总称，又被称为密度板，是指以森林采伐后的剩余木材、竹材和农作物秸秆等为原料，经打碎、纤维分离、干燥后施加胶黏剂，再经过热压后制成的人造木质板材。

纤维板适用于家具制作，现今市场上所销售的纤维板都会经过二次加工与表面处理，外表面一般覆有彩色喷塑装饰层，色彩丰富多样，可选择性强。中、硬质纤维板甚至可以替代常规木芯板，制作衣柜、储物柜时可以直接用作隔板或抽屉壁板，可使用螺钉连接，无须在表面贴其他装饰材料，施工简单方便。

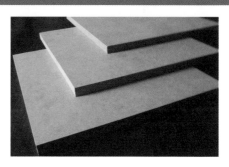

↑纤维板

胶合板、纤维板表面经过压印、贴塑等处理后，被加工成各种装饰效果，如刨花板、波纹板、吸声板等，被广泛应用于装修中的家具贴面、门窗饰面、墙顶面装饰等领域。纤维板的规格为2440mm×1220mm，厚度为3~25mm不等，常见的15mm厚的中等密度覆塑纤维板价格为80~120元/张。

↑纤维板家具

★纤维板的鉴别与选购

步骤1　嗅闻

优质的纤维板没有刺鼻的气味，甲醛的含量也符合安全标准。

步骤2　看外观

通过查看纤维板的外观，可以很清楚、直观地感受到纤维板的表面色泽和平整度，优质的纤维板材表面色泽一般都比较光亮，也比较平整。

步骤3　检查防水性能

如果条件允许，可锯下一小块中密度纤维板，将其放在水温为20℃的水中浸泡24h，观其厚度变化，同时观察板面有没有小鼓包出现。若厚度变化大，板面有小鼓包，说明板面防水性差。

步骤4　看颜色

优质的纤维板颜色一般都比较发白或者偏黄，如果发现颜色为黑褐色，可能会存在质量问题。

步骤5　看横截面

优质的纤维板的横截面中心部位的木屑颗粒长度一般保持在5~10mm为宜，太长的结构疏松，太短的抗变形力差，会导致静曲强度不达标。

↑鼻子嗅闻。可以贴近板材用鼻子嗅闻，气味越大则说明甲醛的释放量就越高，造成的污染也就越大，该板材的质量就越差

↑平整纤维板。优质板材特别平整，厚度、密度均匀，板面平整、光滑，没污渍、水渍、粘迹，边角无破损、分层、鼓包等现象，无松软部分，四周板面细密、结实、不起毛边

★家具柜体的安装施工

成品家具柜体是采用各种成品人造板材加工制作而成的，是现代家居装修的首选，它与现场定制衣柜最大的不同是施工快捷，1~2天即可安装完成。

首先，精确测量房间尺寸，设计图纸，确定方案后在工厂对材料进行加工，将成品型材运输至施工现场。然后，根据现场环境与设计要求，预装衣柜，进一步检查、调整梁、柱的位置，标记安装位置基线，确定安装基点，使用电锤钻孔，并放置预埋件。接着，从下至上逐个拼装衣柜板材，安装五金配件与配套设备。最后，测试调整，清理施工现场。

↑运输至施工现场后打开产品包装，在需要固定的部位钻孔，安装螺钉

↑柜体竖立起来后再在侧面放线定位，钻孔安装横向隔板

↑体量较大的柜体应分开组装，再并齐摆放

↑柜体组装后，根据实际尺寸再组装抽屉，必要时应当对抽屉板材进行裁切

↑柜体安装完毕后，仔细测量柜门空间尺寸，再回厂定制加工柜门

↑推拉门安装完毕后注意仔细调试，开关移动应当顺畅无较大阻力

订购成品橱柜与衣柜是现代家居装修的潮流，大多数板材为中密度纤维板，表面有装饰覆面，注意检查边角、接缝是否严密，否则会有甲醛释放污染环境。成品家具的安装质量关键在于精确测量与缝隙调整，安装后应当精致、整齐，这也是厂商实力的体现。

↑中密度装饰纤维板制作书柜柜体，柜门采用中密度装饰纤维板模压加工而成，外部深色木纹贴皮保持一致

↑中密度装饰纤维板制作柜体，表面喷涂黑色与白色硝基漆，形成强烈的色彩对比

1.6 实木地板

实木地板是采用天然木材，经过加工处理后制成条板或块状的地面铺设材料，对树种要求较高，档次也因树种不同而不同。地板用材一般以阔叶材为多，档次也较高；针叶材较少，档次也较低。

国产阔叶材是实木地板生产中应用较多的一类材料，常见的有榉木、柞木、花梨木、檀木、楠木、水曲柳、槐木、白桦、红桦、枫桦、檫木、榆木、黄杞、槭木、楝木、荷木、白蜡木、红桉、柠檬桉、核桃木、硬合欢、楸木、樟木、椿木等。

↑ 实木地板表面纹理

用针叶材做实木地板的较少，它常用于实木复合地板的芯材，这类树种主要有红松、落叶松、红杉、铁杉、云杉、油杉、水杉等。

进口木地板用材日渐增多，种类也越来越复杂，大致有紫檀、柚木、花梨木、酸枝木、榉木、桃花芯木、甘巴豆、龙脑香、木夹豆、乌木、印茄木、重蚁木、水青冈等。

↑ 实木地板应用

↑楠木地板

↑红杉木地板

↑重蚁木地板

优质木地板应该具有自重轻、弹性好、构造简单、施工方便等优点，它的魅力在于妙趣天成的自然纹理和与其他任何室内装饰物都能和谐相配的特性。

优质的木地板还有三个显著特点：一是无污染，它源于自然，成于自然，无论人们怎样加工使之变成各种形状，始终不失其自然的本色；二是热导率小，使用它有冬暖夏凉的感觉；三是木材中带有可抵御细菌的挥发性物质，是理想的居室地面装饰材料。但是实木地板存在怕酸、怕碱、易燃的弱点，一般只用于卧室、书房、起居室等室内地面的铺设。

实木地板的规格需根据不同树种订制，宽度为90～120mm，长度为450～900mm，厚度为12～25mm。优质实木地板的表面经过烤漆处理，应该具备不变形、不开裂的性能，含水率均控制在10%～15%之间，中档实木地板的价格一般为300～600元／m^2。

↑实木地板展示

↑实木地板铺设

★实木地板的鉴别与选购

步骤1 看含水率

要注意测量地板的含水率，我国不同地区的含水率要求均不同，在国家标准中，规定的含水率为10%～15%。木地板的经销商应有含水率测试仪，如果没有则说明对含水率这项技术指标不重视。购买时先测展厅中选定的木地板含水率，再测未开包装的同材种、同规格的木地板含水率，如果相差在±2%以内，可以视为合格。

↑ 木地板企口

↑ 地板背部

↑ 测量厚度

↑ 砂纸打磨

步骤2 **观测木地板的精度**

一般木地板开箱后可以取出几块地板观察，看企口咬合、拼装间隙与相邻板间的高度差，若严丝合缝，用手平抚感到无明显高度差即可，还可以用尺测量多块地板的厚度，看是否一致。

步骤3 **看有无明显缺陷**

购买时需仔细查看地板是否有死节、活节、开裂、腐朽、菌变等缺陷。由于木地板是天然木制品，客观上存在色差与花纹不均匀的现象，过分追求地板无色差是不合理的，只要在铺装时稍加调整即可。

步骤4 **看烤漆面**

看烤漆漆膜光洁度，有无气泡、漏漆以及耐磨度，可以采用0#砂纸打磨地板表面，观察漆面是否有脱落等。

步骤5 **测量尺寸**

实木地板并非越长越宽越好，建议选择不易变形的中短长度地板，长度、宽度过大的木地板相对容易变形。

步骤6 **识别木地板树种**

有的厂家为促进销售，将木材冠以各式各样不符合木材学的美名，如樱桃木、花梨木、金不换、玉檀香等名称，更有甚者，以低档充高档木材，业主一定不要为名称所惑，弄清材质，注意地板背面材料是否与正面一致，以免上当。

步骤7 **注意销售服务**

最好去品牌信誉好、美誉度高的企业购买，这样的企业除了质量有保证之外，其还对产品有一定的保修期，凡是在保修期内发生的翘曲、变形、干裂等问题，厂家负责修换，可免去消费者的后顾之忧。在现代装修中，地板安装一般都由地板经销商承包施工。业主购买哪家地板就请哪家铺设，以免出现问题后，生产企业与装修企业之间互相推脱责任。

1.7 竹地板

竹地板是竹子经处理后制成的地板，与木材相比，竹材作为地板原料有许多特点。竹地板拥有良好的质地和质感，组织结构细密，材质坚硬，具有较好的弹性，脚感舒适，装饰自然大方。

竹地板按加工处理方式可以分为本色竹地板与炭化竹地板。本色竹地板保持竹材原有的色泽，而炭化竹地板的竹条要经过高温高压的炭化处理，使竹片的颜色加深。竹地板强度高，硬度强，脚感不如实木地板舒适，外观也没有实木地板丰富多样。它的外观是自然竹子纹理，色泽美观，顺应人们回归自然的心态，这一点又优于复合木地板。因此，价格也介于实木地板与强化复合木地板之间，规格与实木地板相当，中档产品的价格一般为 $150 \sim 300$ 元 / m^2。

↑竹地板铺装

↑竹地板纹理

★竹地板的鉴别与选购

竹子具有优良的物理力学性能，竹材的干缩湿胀小，尺寸稳定性高，不易变形开裂，同时竹材的力学强度比木材高，耐磨性好，色泽淡雅，色差小，具有别具一格的装饰性。

↑竹地板细节。竹地板所使用的竹材纹理通直，有规律，竹节上还有点状放射性花纹

↓竹地板表面纹理。优质的竹地板表面纹理清晰，色调深浅有序，极具装饰性

步骤1　注重材质

应该选择优异的材质，正宗的楠竹较其他竹类纤维坚硬密实，抗压抗弯强度高，耐磨，不易吸潮，密度高，韧性好，伸缩性小。

步骤2　看地板含水率

各地由于湿度不同，选购竹地板含水率标准也不一样，必须注意含水率对当地的适应性。目前，市场上有很多未经处理和粗制滥造的竹地板。此类地板极易受湿气、潮气的影响，安装一段时间后地板会发黑、失去光泽、收缩变形，选购时应该认真鉴别。含水率直接影响到地板生虫霉变，选购竹地板时应该强调防虫防霉的质量保证。

步骤3　观察竹地板的胶合技术

竹地板经高温高压胶合而成，市场上有的厂家和个体户利用手工压制或简易机械压制，施胶质量无法保证，很容易出现开裂开胶等现象。

步骤4　观察外观

优质竹地板是六面淋漆，由于竹地板是绿色的自然产品，表面带有毛细孔，因为存在吸潮概率从而引发变形，所以必须将四周全部封漆，并粘贴防潮层，但正常顺弯地板不会影响使用质量，安装时可自动整平。

步骤5　查看产品资料是否齐全

正规的产品按照国家规定应该有一套完整的产品资料，包括生产厂家、品牌、产品标准、检验等级、使用说明、售后服务等资料。如果资料齐备，则说明该生产企业是具有一定规模的正规企业，即使出现问题也有据可查。

↑观察背面是否有防潮层

↑观察侧面看质地是否均匀

★实木地板与竹地板的安装施工

实木地板与竹地板较厚实，具有一定弹性和保温效果，属于中高档地面材料，一般都采用木龙骨、木芯板制作基础后再铺装，工艺要求更严格。

首先，清理房间地面，根据设计要求放线定位，钻孔安装预埋件，并固定木龙骨。然后，对木龙骨及地面作防潮、防腐处理，铺设防潮垫，将木芯板钉接在木龙骨上，并在木芯板上放线定位。接着，从内到外铺装地板，使用专用钉固定，安装踢脚线与装饰边条。最后，调整修补，打蜡养护。

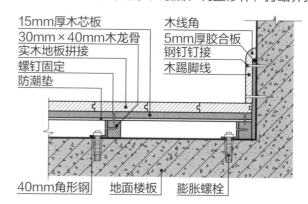

15mm厚木芯板
30mm×40mm木龙骨
实木地板拼接
螺钉固定
防潮垫
木线角
5mm厚胶合板
钢钉钉接
木踢脚线
40mm角形钢　地面楼板　膨胀螺栓

→实木地板铺装构造示意图

↑采用电锤在地面钻孔，将木屑钉入孔洞中

↑采用木钉或膨胀螺栓将龙骨安装至预埋木屑上，可以在木龙骨底部增垫胶合板用于调平龙骨

↑在卫生间入口处应当铺撒活性炭或其他防潮剂，防止基层龙骨受潮

↑在防潮毡上钉接木芯板，可以全铺或局部铺装，但是局部铺装面积不能小于40%

↑将地板全部铺开，让地板与室内环境充分适应，吸收潮湿空气

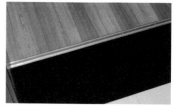

↑地板与其他铺装材料之间的缝隙应当采用成品门槛条安装

1.8 实木复合地板

实木复合地板是利用珍贵木材或木材中的优质部分以及其他装饰性强的材料作表层，材质较差或成本低廉的竹、木材料作为中层或底层，构成经高温、高压制成的多层结构的地板。

现代实木复合地板主要以3层为主，采用3层不同的木材黏合制成，表层使用硬质木材，如榉木、桦木、柞木、水曲柳等，中间层与底层使用软质木材或纤维板，如用松木作中层板芯，提高了地板的弹性，又相对降低了造价，效果和耐用程度与实木地板相差不大。

实木复合地板的使用频率较高，在施工中一般直接铺设，铺设方法与实木地板相似，也可以架设木龙骨，有的产品还配置专用胶水，但是大多数产品可以直接拼接后用麻花地板钉固定。

↑榉木实木复合地板

↑实木复合地板应用

不同树种制作成实木复合地板的规格、性能、价格都不同，高档次的实木复合地板表面多采用UV哑光漆，这种漆是经过紫外线固化的，耐磨性能非常好，不会产生脱落现象，家庭使用时无需打蜡维护，使用十几年不用上漆。实木复合地板主要是以实木为原料制成的，实木复合地板的规格与实木地板相当，有的产品规格可能会大些，但是价格要比实木地板低，中档产品的价格一般为200~400元／m²。

★实木复合地板的鉴别与选购

目前，世界天然林正逐渐减少，特别是装饰用的优质木材日渐枯竭，木材的合理利用已越来越受到重视，多层结构的实木复合地板就是在这种情况下出现的产物之一。实木复合地板不仅充分利用了优质材料，提高了制品的装饰性，而且所采用的加工工艺也不同程度地提高了产品的力学性能。

步骤1 **观察表层厚度**

实木复合地板的表层厚度决定其使用寿命，表层板材越厚，耐磨损的时间就越长，进口优质实木复合地板的表层厚度一般在4mm以上，此外还需观察表层材质和四周榫槽是否有缺损。

步骤2 **检查产品信息是否齐全**

检查产品的规格尺寸公差是否与说明书或产品介绍一致，可用尺子实测或与不同品种相比较，拼合后观察榫槽结合是否严密，结合的松紧程度如何，拼接表面是否平整。

步骤3 **试验性能优良与否**

试验实木复合地板的胶合性能及防水、防潮性能，可以取不同品牌的小块样品，将其浸渍到水中，验证其吸水性和黏合度如何。一般来说，浸渍剥离速度越低越好，胶合黏度越强越好。

↑实木复合地板甲醛含量。按照国家规定，地板甲醛含量应≤9mg／100g，优质实木复合地板应符合要求

↑接触实木复合地板。近距离接触实木复合地板，有刺鼻或刺眼的感觉，则说明甲醛含量超标了

1.9 强化复合木地板

强化复合木地板由多层不同材料复合而成，主要复合层从上至下依次为：强化耐磨层、着色印刷层、高密度板层、防震缓冲层、防潮树脂层。

强化复合木地板具有很高的耐磨性，表面耐磨度为普通油漆木地板的10～30倍；其次是产品的内结合强度、表面胶合强度和冲击韧性力学强度都较好；此外，还具有良好的耐污染腐蚀、抗紫外线、耐香烟灼烧等性能。地板的流行趋势为大规格尺寸，而实木地板随尺寸的加大，其变形的可能性也在加大。强化复合木地板采用了高标准的材料和合理的加工手段，具有较好的尺寸稳定性。地板安装简便，维护保养简单，可采用泡沫隔离缓冲层（泡沫防潮毡）悬浮铺设的方法，施工简单，效率高。

↑ 强化复合木地板铺装

强化复合木地板的规格长度为900～1500mm，宽度为180～350mm，厚度为8～18mm，其中，厚度越厚，价格越高。市场上售卖的复合木地板以12mm居多，价格为80～120元／m^2。

↑ 强化复合木地板安装

强化耐磨层用于防止地板基层磨损；着色印刷层为饰面贴纸，纹理色彩丰富，设计感较强；高密度板层是由木纤维及胶浆经高温高压压制而成的；防震缓冲及树脂层垫置在高密度板层下方，用于防潮、防磨损，起到保护基层板的作用。

★强化复合木地板的鉴别与选购

高档优质强化复合木地板还增加了约2mm厚的天然软木，具有实木脚感，噪声小、弹性好。购买地板时，商家一般会附送配套的踢脚线、分界边条、防潮毡等配件，并负责运输安装。在家居室内空间，强化复合木地板成为年轻业主的首选。

⚠ 选材小贴士

要注意环境湿度

将购置的地板搬运至施工现场后应该打开包装，摊开放置在不同的安装位置上，使地板充分适应周边的环境湿度。

步骤1 **检测耐磨转数**

一般而言，耐磨转数越高，地板使用的时间就越长，地板的耐磨转数达到1万转为优等品，不足1万转的产品，在使用1~3年后就可能出现不同程度的磨损现象。

步骤2 **观察表面质量是否光洁**

强化复合木地板的表面一般有沟槽型、麻面型、光滑型3种，本身无优劣之分，但都要求表面光洁无毛刺、背面有防潮层。

↑砂纸打磨。可用0#的粗砂纸在地板表面反复打磨约50次，如果没有褪色或磨花，就说明地板质量还不错

↑平抚表面。取强化复合木地板样品，手保持干燥，平抚地板表面，有粗糙感和刺痛感的为劣质品

↑背部防潮层。优质的强化复合木地板背部都会有防潮层，防潮层和面板贴合紧密，且沾水不轻易脱落的为优质品

↑侧部企口。观察企口的拼装效果，可以拿两块地板的样板拼装一下，看拼装后企口是否整齐、严密，优质强化复合木地板的侧部企口应该细密、平整，手触碰也不会有刺痛感

步骤3　注意地板厚度与重量

选购时应该以厚度厚些的为宜。复合木地板的厚度越厚，使用寿命也就相对延长，但同时要考虑装修的实际成本。同时，复合木地板的重量主要取决于其基材的密度，基材决定着地板的稳定性、抗冲击性等诸项指标，因此基材越好，密度越高，地板也就越重。

步骤4　检查配套材料

了解产品的配套材料，如各种收口线条、踢脚线等配套材料的质量、价格如何。查看正规证书和检验报告，选择地板时一定要弄清商家有无相关证书和质量检验报告。如按照欧洲标准，地板甲醛含量应≤9mg／100g，如果＞9mg／100g则属于不合格产品。可以从包装中取出一块地板，用鼻子仔细闻一下，确保没有刺激性气味。

↑预拼接。可以取两件强化复合木地板样品，自由拼接在一起，优质品拼接后无缝隙

↑收口线条。收口线条属于强化复合木地板的配套材料，在选购时一定要辨明相关的质量和价格

↑橡木、白蜡木地板适合简约风　↑偏红色系适合中老年家庭

★复合地板的安装施工

实木复合地板与强化复合木地板具有强度高、耐磨性好、易于清理的优点，购买后一般由商家派施工员上门安装，无需铺装龙骨，铺设工艺比较简单。

首先，仔细测量地面铺装面积，清理地面基层砂浆、垃圾与杂物，必要时应对地面进行找平处理。然后，将复合木地板搬运至施工现场，打开包装放置5天，使地板与环境相适应。接着，铺装地面防潮毡，压平，放线定位，从内向外铺装地板。最后，安装踢脚线与封边装饰条，清理现场，养护7天。

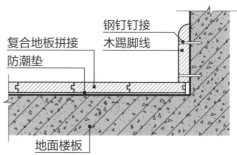

钢钉钉接
复合地板拼接　木踢脚线
防潮垫
地面楼板

→复合地板安装构造示意图

↑安装复合地板前应当将地面清扫干净，对于特别不平整的地面应当预先采用自流地坪施工

↑仔细测量房间地面各方向尺寸，精确计算地板的用量

↑根据实际测量尺寸再将地板搬运至房间，以免数量不对，延长施工周期

↑根据房间面积与形态，在部分地板中央放线定位

↑采用切割机将板材对半裁切，用于房间首端错位铺装

↑在地面铺装防潮毡，铺装应当整齐，不宜有漏缝

↑从无家具放置的墙角开始铺装地板，向有家具放置的墙角铺装，尽量将整块板材露在外部，形成良好的视觉效果

↑铺装时应当呈阶梯状推进，保持地板的咬合力度与均衡性

↑采用安装垫块过渡锤子对地板的紧固压力，使地板拼装整齐紧密

↑末端地板应当采用传击件固定，锤子的敲击压力能直接传递到地板上

↑家具周边的缝隙应当均匀一致，缝隙宽度为5～8mm，不能紧贴家具，避免产生缩胀

↑墙角周边也应当保持8～10mm缝隙，避免产生缩胀

↑铺装完成后应当采用各种配套边条粘贴至缝隙处，将缝隙收拾平整

★选材小贴士

强化复合木地板色彩选择

　　在选择强化复合木地板的样式时要依据空间格局和室内面积进行具体的选择，一般房间小或者采光条件不好的居室应尽量选择以浅色为主的强化复合木地板，这样可以扩大空间感，使房间不至于显得特别局促拥挤。

←不同色彩强化复合木地板样品

1.10 软木墙板

软木墙板是一种高级软质木料制品，原材料一般为橡树的树皮，种植地主要分布在我国秦岭地区和地中海地区。

软木墙板质地柔软、舒适，与实木板相比更具环保性、隔声性，防潮效果也会更好一些，带给人极佳的触感。软木地板柔软、安静、舒适、耐磨，对老人与小孩的意外摔倒，能够提供很大的缓冲作用。软木材料可以分为纯软木墙板、复合软木墙板、静声软木墙板3类。

纯软木墙板的厚度一般为4~5mm，从花色上看非常粗犷、原始，且没有固定的花纹，它的最大特点是用纯软木制成，质地纯净，非常环保。

复合软木墙板的构造一般分为3层，表层与底层均为软木，中间层夹了一块带企口（锁扣）的中密度板，厚度可达10mm左右，里外两层的软木可以达到很好的静声效果，只是花色与纯软木墙板一样，存在不够丰富的缺憾。

↑ 软木墙板

↑ 软木墙板应用

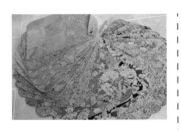

↑软木墙板样品

↑软木墙板细部纹理

★软木墙板的鉴别与选购

↑游标尺测量

↑弯曲测试

静声软木墙板是软木与纤维板的结合体，最底层为软木，表层为复合地板，中间层则同样夹了一层中密度板，它的厚度可达14mm，最底层的软木可以吸收一部分声音，起到静声的作用。

软木墙板适用于家居客厅、书房、卧室、视听室等空间墙面铺装，具体尺寸视空间面积需求订制，市场上软木墙板的规格为1220mm×2440mm×10mm等，价格为40～60元／m²，纯软木墙板的价格比较高，一般为100～200元／m²。

软木墙板的施工特别简单，直接在木芯板或其他成品板材的基础上采用白乳胶粘贴即可，大多数装修业主都能自行粘贴。

步骤1　观察板面

优质的软木墙板板面光滑，且没有任何鼓凸颗粒，软木颗粒也十分纯净。

步骤2　测量尺寸

仔细观察墙板边长是否直，并使用卷尺和游标尺核验。

步骤3　检查性能

检验软木墙板板面弯曲强度，并仔细查看板面是否会因弯曲产生裂痕。

★选材小贴士

软木墙板的吸声功能

软木墙板吸声降噪的范围大约在30～50dB，广泛地适用于各种需要吸声、降噪的场所，可以创建一个安静、舒适环境，并且4mm厚的软木墙板也不占用过多的室内空间。

木质板材一览 ●大家来对比●

品 种	性 能 特 点	适用部位	价 格
指接板	质地均匀，板材厚实，缝隙密实，价格较高，容易变形，环保质量高	室内家具、构造主体制作	厚15mm，120元/张 厚18mm，150元/张
木芯板	质地稳定，板材厚实，缝隙密实，价格适中，不易变形，环保质量一般	室内家具、构造主体制作，柜门、台面制作	厚15mm，120元/张 厚18mm，120~180元/张
生态板	质地稳定，板材厚实，缝隙密实，价格较高，不易变形，环保质量高，花色品种多	室内家具、构造主体制作，柜门、台面制作	厚18mm，180~200元/张
刨花板	质地均衡，颗粒较大，不变形，饰面色彩丰富，承载力较弱	室内家具制作	双面覆塑厚19mm，80~120元/张
纤维板	质地均衡，纤维密集，变形较小，饰面色彩丰富，承载力较强	室内家具制作	中密度厚15mm，80~120元/张
实木地板	质地厚实，纹理丰富，具有真实感，导热均匀，具有较强的亲和力，价格多样	客厅、书房、卧室等常用空间地面铺装	300~600元/m²
竹地板	质地硬朗，舒适凉爽，纹理自然，防腐性稍弱，价格适中	客厅、书房、卧室等常用空间地面铺装	150~300元/m²
实木复合地板	层次丰富，舒适感较好，综合性能稳定，纹理丰富，价格适中	室内各空间地面铺装	200~400元/m²
强化复合木地板	结构简单，花色纹理丰富，防潮与耐久性较强，价格低廉	室内各空间地面铺装	80~120元/m²
软木墙板	质地软，富有弹性，具有良好的隔声效果	书房、卧室等常用空间墙面铺装	厚10mm，40~60元/m²

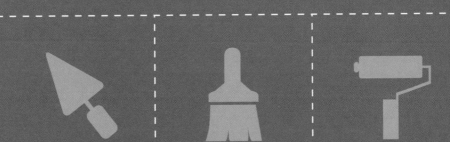

第2章
复合板材

识读难度： ★★★★★

核心概念： 阳光板、有机玻璃板、铝塑复合板、纸面石膏板、吸声板、水泥板

章节导读： 单一的板材无法满足具体的使用需求和条件，就会通过其他的方法来增强自身的性能。复合板材是在原有的基础上，大幅度提升自身性能优点的板材。复合板材具备多种材料的性能优势，能够取长补短，满足各种使用需求。复合材料主要以坚硬的材料为主要承载体，添加柔软的材料作为补充，使其同时具备强度高、韧性好、防火防潮、品种丰富、价格低廉等多种优势，选购时要综合考虑。

2.1 阳光板

阳光板又被称为聚碳酸酯中空板、玻璃卡普隆板，是以高性能的聚碳酸酯（PC）树脂为原料加工而成的板材。

阳光板是中空的多层或双层结构，主要有白、绿、蓝、棕等颜色，可以取代玻璃、钢板、石棉瓦等传统材料，质轻、安全、方便。阳光板具有透明度高、质轻、抗冲击、隔声、隔热、难燃、抗老化等特点，是一种高科技、综合性能极其卓越、环保健康型的塑料板材。

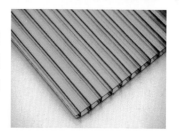

↑阳光板

阳光板主要应用于庭院雨棚、屋檐，阳光房的顶面或侧面围合，也可用于室内装饰吊顶、灯箱、装饰墙板、推拉柜门等构造上，更适用于制作阳光顶棚、围合隔断等构造。

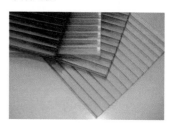

↑阳光板样本

阳光板的规格为2440mm×1220mm，厚度有4mm、5mm、6mm、8mm等多种，颜色主要有无色透明、绿色、蓝色、蓝绿色、褐色等，适用性非常强，如果需要改变阳光板的颜色，可以在板材表面粘贴半透明有色PVC贴纸，5mm厚的阳光板价格为60~100元/张。

阳光板的优势在于质地轻，能适用于户外雨棚，抗风能力强，如果用于室内还可以用于吊顶发光灯片。质地轻，安装很方便，粘贴、钉接均可。

↑ 阳光板

↑ 阳光板雨棚

安装阳光板时要用木板、不锈钢管等其他材料作边框，板材自身不能承载各种物件或构造，否则长久容易变形。户外使用阳光板要注意时常清洗，避免因积落的灰尘造成酸、碱性过高，对板材造成腐蚀。

★ 阳光板的鉴别与选购

↑ 揭开阳光板表面薄膜，板面平整光滑

↑ 观察截断面，空隙均衡，大小一致

步骤1 **注意表面的光洁度**

优质产品特别平整，其中竖向构造的外凸感不强或完全没有触感，低档产品则比较明显。

步骤2 **检测抗弯度**

可以将板材弯曲，优质产品能在长度方向轻松达到首尾对接并且还有余地，弯曲弧形自然圆整，恢复后无变形，低档产品弯曲后呈椭圆形或不规则圆形。

★ 选材小贴士

阳光板老化快的原因

如果阳光板的颜色变黄，产品的透光效果降低，板子变脆且容易产生破裂穿孔的现象，那么板子就已经出现了老化的现象。出现这种情况主要是因为消费者所购买的阳光板质量太差，部分商家会用回收的材料进行阳光板的加工制作，这种阳光板的使用寿命较低；其次是后期的保养没有做好，没有进行定期的维护，并且在十分恶劣的环境下使用，使得阳光板表面的防紫外线层遭到损坏而加速阳光板的老化。

★阳光板的安装施工

步骤1　安装底部框架

安装前应对建筑主体工程尺寸是否符合有关结构施工及验收规范的规定进行复核，测量时，风力要小于4级。

步骤2　测验、保护

在安装阳光板的过程中，存在一些分项工程，可能造成严重污染或可能导致板材损坏的，要安排在班次安装前完成，否则应采取严格有效的保护措施。

步骤3　固定螺丝

螺丝孔的尺寸须考虑阳光板夏冬季节及昼夜热胀冷缩的不同，通常螺丝孔径应比螺丝径大2~4mm，为其膨胀预留空间。

步骤4　固定板材

螺丝孔的位置离阳光板的边缘太近时，非常容易造成板材破坏，螺丝孔的位置离阳光板边缘应当为螺丝孔直径的2.5倍以上。

步骤5　避免变形

螺丝不能锁得太紧，否则会因产生变形导致应力产生，且锁在阳光板上的螺丝最好不要选用自攻螺丝。

↑阳光板雨棚安装　　　　↑围合阳光板安装

为了减小阳光板雨棚下雨时产生的噪声，安装阳光板雨棚的时候，要尽量减小阳光雨搭平面与墙面的角度，以此减少雨滴与雨搭平面的接触面，从而降低噪声。

2.2 有机玻璃板

有机玻璃是聚甲基丙烯酸甲酯的俗称。

根据生产工艺，有机玻璃板可以分为浇铸板与挤出板两大类，其中浇铸板的密度较高，具有出色的刚度、强度以及优异的抗化学腐蚀性，适合在装修现场进行小批量加工，在颜色体系和表面纹理效果方面具有无法比拟的灵活性，且产品规格齐全，样式繁多。在家居装修中适用于各种订制加工的吊顶发光灯片，具有透光性能好、颜色纯正、色彩丰富、美观平整、兼顾白天和夜晚两种效果、使用寿命长等特点。

↑ 透明有机玻璃板

有机玻璃板挤出板的密度较低，机械性能稍弱，但是有利于折弯或热成型加工，在处理尺寸较大的板材时，有利于快速真空吸塑成型。同时，挤出板适于大批量自动化生产，颜色和规格不便调整，所以产品规格多样性受到一定的限制。有机玻璃板的机械强度高，抗拉伸和抗冲击的能力比普通玻璃高7~18倍，重量轻，密度为1180kg／m³，同样大小的材料，其重量只有普通玻璃的50%左右。

↑ 彩色有机玻璃板

有机玻璃板在家居室内主要用于取代传统玻璃，装饰柜外部的无框柜门，由于质地轻，安装使用更方便安全。还可以作为传统玻璃吊顶灯槽发光片，其可以将吊顶内的灯光柔和反射下来，具有很雅致的照明效果。也可以用于淋浴间替代钢化玻璃，防止钢化玻璃因急速冷热导致破裂。甚至还可以制作衣柜柜门饰面，取代传统油漆饰面。

有机玻璃板具有极佳的透明度，无色透明有机玻璃板材，透光率达92%以上，比普通玻璃的透光度高。它对自然环境适应性很强，即使长时间经受日光照射、风吹雨淋也不会发生改变；抗老化性能好，能用于室外。它是目前最优良的高分子透明材料。

有机玻璃板的加工性能良好，既适合机械加工又易热弯成型，并具有极其优异的综合性能，为现代家居装修设计提供了多样化选择。有机玻璃板可以染色，表面可以进行喷漆、丝网印刷或真空镀膜。

有机玻璃板的效果可分为无色透明、有色、珠光等，其中无色透明板是以甲基丙烯酸甲酯为主要原料，在特定的硅玻璃模或金属模内浇筑聚合而成；有色板是在甲基丙烯酸甲酯单体中，配以各种颜料浇筑而成，其又可分为透明有色、半透明有色、不透明有色3大类；珠光板是在甲基丙烯酸甲酯单体中加入了合成鱼鳞粉并配以各种颜料浇筑而成的。此外，有机玻璃板无毒，即使与人长期接触也无害，燃烧时所产生的气体也无毒害。

↑ 有机玻璃板用于走道旁壁橱中的玻璃罩

↑ 有机玻璃板储物柜

↑ 有机玻璃板展示台

★ 选材小贴士

有机玻璃板是高级装饰材料

有机玻璃板属于家居高级装饰材料，如门窗玻璃、扶手护板、透光灯箱片等，在室内家居装修中可以替代面积不大的普通玻璃。

在施工过程中，由于有机玻璃板质地比较脆，易溶于有机溶剂，表面硬度不大，耐磨性较差，运输时需要注意原材料的完整性，防止划伤表面，安装时需要配合金属边框，防止损坏板材。

有机玻璃板的常见规格为2440mm×1220mm，1830mm×1220mm，1250mm×2500mm，2000mm×3000mm，厚度为1～50mm不等，价格也因此而不同。常用的2440mm×1220mm×3mm透明有机玻璃板价格一般为20～30元／张。

步骤1 选购品牌产品

选购有机玻璃板要注意产品品牌，中高档品牌双面都贴有覆膜，普通产品只是一面有覆膜。

步骤2 观察表面覆膜

优质的有机玻璃板覆膜表面应该平整、光洁，没有气泡、裂纹等瑕疵，用手剥揭后能够感到具有次序的均匀感，无特殊阻力或空洞。

步骤3 检测抗弯曲能力

优质的有机玻璃板，如果对其进行弯曲试验，整张板材弯曲时会感到张力较大，富有弹性。

★有机玻璃板的鉴别与选购

↑有机玻璃板揭开膜后，表面光洁度高，在灯光的反射下能检验出平整度

↑有机玻璃板弯曲造型家具制作

↓采用裁纸刀划切测试，优质产品不容易产生划痕

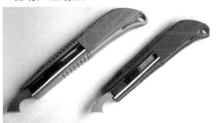

对有机玻璃板进行加工时应用专业的美工钩刀进行裁切，对于弧形应预先画好轮廓，先在轮廓外围裁切成多边形，再用钩刀改为弧形，最后还需采用0#与1000#砂纸先后打磨边缘，使其保持圆滑平整。

↑有机玻璃板有较好弹性 ↑有机玻璃板样品

★选材小贴士

有机玻璃板老化的原因

1.过多地与紫外线接触

在户外使用的有机玻璃板老化会比在室内快，劣质的有机玻璃板这一现象会更加明显，户外环境复杂，长期的暴露、受热、潮湿和紫外线的辐射等都会影响有机玻璃板，在不断积累下有机玻璃板就会发生严重的老化，物理力学性能就会下降。

2.与其他具有腐蚀性的溶剂接触

与具有腐蚀性的溶剂接触久了以后，有机玻璃板的综合性能会有所降低，耐力也会降低，整体老化速度也会加快。

↓白色有机玻璃板覆盖在柜门表面可以取代传统油漆

←有机玻璃板装饰。有机玻璃板除可以制作家具外，还可以深度加工。所制作的带有装饰性陈列品晶莹剔透，非常好看

2.3　铝塑复合板

铝塑复合板简称铝塑板，是指以聚乙烯（PE）树脂为芯层、两面为铝材的3层复合板材，经过高温高压后制成的复合装饰板材。

在家居装修中，铝塑复合板一般用于易磨损、受潮的家具、构造外表，如毗邻水池或位于阳台的储藏柜外表，也可以用于对平整度要求很高的部位，如大面积电视背景墙、立柱、吊顶。

↑铝塑复合板样本

铝塑复合板的规格为2440mm×1220mm，厚度为3～6mm不等，普通板材为单面铝材，又被称为单面铝塑板，厚度以3mm居多，价格为40～50元/张。质地较好的板材多为双面铝材，平整度高，厚度以5mm居多，其中铝材厚度为0.5mm，价格为100～120元/张。

↑铝塑复合板

施工时须在基层制作木芯板，再采用专用粘接剂粘贴板材，施工时应该注意在铺贴表面预留缩胀缝，缩胀缝的间距应≤800mm，缝隙宽度为3～4mm。板材表面有1层覆膜，待施工完毕后再揭开。板材应该完全平整，边角锐利整齐，无任何弯曲变形。

★铝塑复合板
的鉴别与选购

铝塑复合板的外观有各种颜色、纹理，可选择性强。

步骤1　观察板材厚度

优质的铝塑复合板的四周应该非常均匀，目测不能有任何厚薄不一的感觉，也可以用尺测量板材的厚度是否达到标称的数据。

步骤2　测量尺寸

用尺测量板材的长、宽，长度在板宽的两边，宽度在板长的两边，优质板材的对边应该无任何误差。

步骤3　观察贴膜

仔细观察板材表面的贴膜是否均匀，优质产品应无任何气泡或脱落。

步骤4　检测抗摩擦能力

如果条件允许，可以揭开贴膜的一角，用360#砂纸反复打磨10次左右，优质产品的表层不应该有明显划伤。

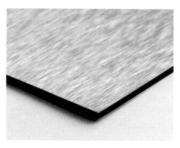

↑铝塑复合板

↑铝塑复合板家具

★选材小贴士

铝塑复合板的种类

铝塑复合板一般有普通型与防火型两种，普通型铝塑复合板中间夹层如果是PVC，板材燃烧受热时将产生对人体有害的氯气；防火型铝塑复合板中间夹层为阻燃聚乙烯塑胶，颜色呈黑色，而采用氢氧化铝为主要成分的芯层，颜色通常为白色或灰白色。

2.4 纸面石膏板

纸面石膏板简称石膏板，是以半水石膏与护面纸为主要原料，以特制的板纸为护面，经加工制成的覆面板材。纸面石膏板具有重量轻、隔声、隔热、加工性能强、施工简便的特点。

纸面石膏板生产能耗低，生产效率高，且投资少，生产能力大，工序简单，便于大规模生产。用纸面石膏板作隔墙，重量仅为同等厚度砖墙的15%左右，有利于结构抗震，并可以有效减少基础及结构主体造价。纸面石膏板板芯60%左右是微小气孔，因空气的热导率很小，因此具有良好的轻质保温性能。

由于石膏芯本身不燃，且遇火时在释放化合水的过程中会吸收大量的热，延迟周围环境温度的升高，因此，纸面石膏板具有良好的防火阻燃性能。纸面石膏板采用单一轻质材料，具有独特的空腔结构，具有很好的隔声性能，表面平整，板与板之间通过接缝处理形成无缝表面，表面可以直接进行装饰。

↑ 纸面石膏板剖面

↑ 纸面石膏板

纸面石膏板具有可钉、可刨、可锯、可粘的性能，用于室内装饰，可取得理想的装饰效果。仅需裁制刀便可随意对纸面石膏板进行裁切，施工非常方便，能够提高施工效率。由于石膏板的孔隙率较大，并且孔结构分布适当，所以具有较高的透气性能。

当室内湿度较高时，纸面石膏板可吸湿；而当空气干燥时，纸面石膏板又可放出一部分水分，因而纸面石膏板对室内湿度起到一定的调节作用，使居住条件更为舒适。采用纸面石膏板作墙体，墙体厚度最小可达60mm，且可以保证墙体的隔声、防火性能。

在家居装修中，纸面石膏板主要用于吊顶、隔墙等构造制作，多配合木龙骨与轻钢龙骨，采用直攻螺钉安装固定。石膏板的形状主要为棱边角，并使用护面纸包裹纸面石膏板的边角。普通的纸面石膏板又可分为防火与防水两种，市场上所售卖的型材两种功能兼备。普通纸面石膏板的规格为2440mm×1220mm，厚度有9.5mm与12.5mm两种，其中9.5mm厚的产品价格为20元／张。

↓石膏板吊顶。石膏板吊顶采用石膏板制作，具有良好的吸声性能，同时可以自由造型，目前使用频率较高

↑石膏板隔墙。石膏板隔墙是用石膏薄板或空心石膏条板组成的轻质隔墙，可用来分隔空间，构造简单，加工与安装都十分方便

★纸面石膏板的鉴别与选购

步骤1 **观察表面**

可以在距离0.5m处光照明亮的条件下，观察并抚摸表面，优质品表面应平整光滑，不能有气孔、污痕、裂纹、缺角、色彩不均和图案不完整现象，纸面石膏板上下两层护面纸应该特别结实。

步骤2　查看石膏板质地

观察侧面，仔细观察石膏板的质地是否密实，有没有空鼓现象，越密实的石膏板越耐用。

步骤3　听声音

可以用手敲击，发出很实的声音说明石膏板严实耐用，如发出很空的声音则说明板内有空鼓现象，且质地不好，还可以用手掂分量来衡量石膏板的优劣。

步骤4　看粘接程度

可以随机找几张板材，在端头露出石膏芯与护面纸的地方用手揭护面纸，如果护面纸与石膏芯层间出现撕裂，则表明板材粘接不良，该板材为劣质品。

纸面石膏板厚度不能完全说明质量好坏，能说明质量好坏的是厚度是否均衡，所有板材的各个部位厚度都应当均匀一致。

↑抚摸石膏板表面。在光照充足的条件下观察石膏板表面，平整一致的为优质品，用手触摸石膏板，触感平滑的石膏板为优质品

↑揭开石膏板纸面。可以随机找几张板材，在端头露出石膏芯与护面纸的地方用手揭护面纸，如果护面纸与石膏层分离，表明板材为劣质品，如果石膏层表面粘有护面纸，表明板材为优质品

★选材小贴士

石膏板制作吊顶时的注意事项

采用纸面石膏板制作平整的吊顶比较简单，如果希望用于弧形吊顶就比较复杂了，应采用木龙骨制作起伏不平的基础构造，凹凸幅度应当缓和，因为石膏板的弯曲程度有限。

2.5 吸声板

吸声板是在普通高密度纤维板的基础上加工制成的具有吸声功能的装饰板材。吸声板表面覆盖塑料装饰层，具有条状开孔，背后覆盖具有吸声功能的软质纤维材料，通过多种材料叠加起到吸声的作用。

纤维经热压后可以降低噪声，其吸声系数比现有常用的石棉玻璃纤维高，尤其对500Hz以下的噪声，效果更加明显。吸声板表面柔顺、丰富，有多种可供选择的色彩纹理，可以拼装多种花色或图案，具有很好的装饰效果，满足各种中高档家居装修的需求。纤维防火材料，具有出色的阻燃防火性能。天然植物纤维具有接近自然的色泽与特性，不含石棉，无其他刺激物，可回收使用。

↑ 高密度纤维吸声板

吸声板结合各种吸声材料的优点，采用天然纤维板热压成板，其装饰性强，施工简便，能够通过简单的木工机具，变换出多种造型，既可以直接作为饰面材料，又可以根据需要在表面喷各种涂料。吸声板适用于对静声要求较高的家居空间墙面、构造装饰，如用于客厅、卧室、书房、娱乐室、视听室的墙面、吊顶等部位。

↑ 复合吸声板

吸声板的规格为2440mm×1220mm，厚度为18～25mm不等，常见18mm厚的覆面吸声板价格为200～300元／张。

吸声板的施工方式有很多，主要有钉接与挂接两种。小面积施工多采用钉接工艺，即采用气排钉将板材固定至墙面预装的木龙骨上，钉子从缝隙中钉入，外表看不到任何痕迹；大面积的施工需要在基础龙骨上安装配套金属连接件，将板材的背部凹槽挂至连接件上即可。

★吸声板的鉴别与选购

步骤1 **检查板材厚度**

优质的吸声板，板材厚度应均匀，板面平整、光滑，没有污渍、水渍、粘迹，四周板面细密、结实、不起毛边。

步骤2 **听声音**

可以用手敲击板面，若声音清脆悦耳，说明均匀的纤维板质量较好；若声音发闷，则可能出现了散胶问题。

↑应用于书房墙面的吸声板　　↑吸声板铺装

★选材小贴士

吸声板性价比很高

吸声板具有吸声、环保、阻燃、隔热、保温、防潮、防霉变、易除尘、易切割、可拼花、施工简便、稳定性好、抗冲击能力好、独立性好以及性价比高等优点，有丰富多种的颜色可供选择，可满足不同风格和层次的装饰需求。

2.6 水泥板

水泥板是以水泥为主要原材料加工生产的一种建筑平板，是一种介于石膏板与石材之间，可以自由切割、钻孔、雕刻的建筑产品。其以优于石膏板、木板、石材的特性，但是远低于石材的价格，成为目前比较流行的家居装修材料。

水泥板种类繁多，按档次主要分为普通水泥板、纤维水泥板、纤维水泥压力板等几种。普通水泥板是普遍使用的产品，主要成分是水泥、粉煤灰、沙子，价格越便宜水泥用量越低，有些厂家为了降低成本甚至不用水泥，造成板材的硬度降低。

纤维水泥板又被称为纤维增强水泥板，与普通水泥板的主要区别是添加了各种纤维作为增强材料，使水泥板的强度、柔性、抗折性、抗冲击性等大幅提高，添加的纤维主要有矿物纤维、植物纤维、合成纤维、人造纤维等。

纤维水泥压力板是在生产过程中由专用压机压制而成的，具有更高的密度，防水、防火、隔声性能更高，承载、抗折、抗冲击性更强，其性能的高低除了与原材料、配方、工艺有关以外，主要取决于压机的压力大小。

↑普通水泥板

↑纤维水泥板

在现代家居装修中运用较多的是纤维水泥板，其中加入了细碎木屑与木条，又被称为木丝纤维水泥板。它主要由水泥作为胶黏剂，细碎木屑与木条作为纤维增强材料，加入部分添加剂所压制而成的板材，颜色青灰，与水泥墙面一致，双面平整光滑，属于环保型绿色健康板材。

木丝纤维水泥板中含有70%水泥、20%矿化木质纤维、9%水与1%粘接剂，它结合了木材的强度、易加工性与水泥经久耐用的特性，实用性广、性能优异，具有耐腐，耐热，防火，防虫，易加工，与水泥、石灰、石膏配合性好，环保健康等多种优点。在施工与使用中，板材受潮浸泡不分层，稳定均一，可以切割、刨平、打磨、钻孔、穿线，并可以用铁钉或螺钉固定。

木丝纤维水泥板价格较高，在家居室内装修中一般只是局部使用，另外不宜大面积用于台面，否则容易积灰、老化、磨损，故它主要用于墙面、顶面局部铺装。

↑木丝纤维水泥板

↑木丝纤维水泥板铺装窗台

↑水泥板铺装地面

↓水泥板铺装墙面

使用木丝纤维水泥板可以营造出独特的现代风格，它一般铺贴在墙面、地面、家具、构造表面，同时可以用在卫生间等潮湿环境。木丝纤维水泥板的规格为2440mm×1220mm，厚度为6～30mm，特殊规格可以预制加工，厚10mm的产品价格为100～200元／张。

目前，水泥板产品属于比较流行的装饰材料，全国各地很多厂家都在生产，产品价格相差悬殊。

↑具备产品信息的水泥板　　↑水泥板存储需在底部垫木板

★水泥板的鉴别与选购

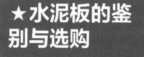

步骤1　**关注板材的密度**

板材质量与密度密切相关，可根据板材的重量来判断。优质水泥压力板密度为1800kg／m^3，具体数据需对照产品标签；较次的产品密度要低一些，在1500～1800kg／m^3之间，硅酸钙板的密度在1200kg／m^3左右。

步骤2　**观察板材的质地**

优质的水泥板应该平整坚实，可以采用$0^\#$砂纸打磨板材表面，优质产品不应该产生太多粉末，伪劣产品或硅酸钙板的粉末较多。

步骤3　**查看产品规格**

可询问商家有无特殊规格，如果厂家只生产6～12mm厚的板材，不能生产超薄板与超厚板产品，则说明此厂家的生产条件有限，很难生产出优质产品。

步骤4　**比较品牌**

可以多比较不同商家的产品，认清产品的品牌与生产厂家，可以上网查看其知名度与产品质量体系认证等情况。

↑水泥板表面。观察水泥板表面的纹理和平整度，优质水泥板十分平整

↑水泥板样本打磨。取水泥板样品，取适当的砂纸轻轻打磨水泥板表面，观察掉粉情况

★水泥板的安装施工

步骤1　直接钉接安装

在施工中，水泥板的操作十分方便，钉子的吊挂能力好，手锯就可直接加工，除了材料本身，在施工过程中可以不用制作基层板，可以直接固定在龙骨上或者墙面上。

步骤2　直接粘贴安装

小块板材造型可以使用强力万能胶粘贴，大块板材须先用 1mm 的钻头钻孔，然后用射钉枪固定，喷1～2遍的水性哑光漆，待干即可。

步骤3　关于缝隙

为了协调板材与基层材料的缩胀性差异，在安装具有分隔造型的部位时，要适当保留缝隙，缝隙间距应≤800mm，缝隙宽度5mm左右。如果铺装造型很独立，且墙面边长≤3000mm也可以不要缝隙，但是要注意修补。

★选材小贴士

要注意水泥板厂家的资质

正规的厂家都有相关的产品资质，如物理性能检测报告、荷载检测报告、隔声检测报告、三标认证等。需要注意的是，有些不法商家或者厂家篡改别人的检测报告或者篡改检测报告的数据愚弄用户，选购时要注意。

←大面积铺装水泥板，需要在接缝处仔细修补，并在表面重新滚涂素水泥浆并喷涂透明聚酯漆保护

复合板材一览 ● 大家来对比 ●

品　种	性　能　特　点	适用部位	价　格
阳光板	中空隔热，强度较高，能弯曲，质地轻盈，价格较高	户外庭院雨棚、屋檐	厚5mm，60~100元/张
有机玻璃板	质地较厚，强度较高，平整度高，能热弯加工，可塑性好	室内平整或弧形发光吊顶	厚3mm，20~30元/张
铝塑复合板	质地厚实、较硬，表面平整度很高，装饰色彩较少，价格较高	室内外中大型家具、构造饰面	厚3mm，40~50元/张 厚5mm，100~120元/张
纸面石膏板	质地均衡，双面覆盖纸板，成本低，抗压强度适中	室内隔墙、吊顶覆面	厚9mm，20~25元/张
吸声板	结构多样，表面平整，安装方便，吸声效果较好	客厅、书房、影视厅墙面铺装	厚18mm，100~150元/张
水泥板	质地坚硬，色差单一，产品体系丰富，耐磨损，不变形	主题墙、背景墙重点部位装饰	厚10mm，120~150元/张

第3章
辅助材料

识读难度： ★ ★ ★ ☆ ☆

核心概念： 木龙骨、轻钢龙骨、塑料线条、铝合金门窗

章节导读： 在家居装修中，配件辅材不一定都由装修业主购买，但是材料的质量却攸关装修品质。其实，配件辅材的价格差距也是很大的，只不过单价不高，很容易被业主忽视。如果业主选择的是清包工的装修形式，那么就得自己选购配件辅材了。

3.1 木龙骨

木龙骨俗称木方，主要由松木、椴木、杉木、进口烘干刨光等木材加工成截面为长方形或正方形的木条。木龙骨是装修中常用的一种材料，有多种型号，用于撑起外面的装饰板，起支架作用。

木龙骨容易造型，握钉力强，易于安装，特别适合与其他木制品的连接，当然由于它是木材缺点也很明显，如不防潮，容易变形，不防火，可能生虫发霉等。木龙骨的优点是价格便宜且易施工。但木龙骨自身也有不少问题，如易燃、易霉变腐朽。

↑木龙骨弧形吊顶基础

木龙骨要根据使用部位不同而采取不同尺寸的截面，用于室内吊顶、隔墙的主龙骨截面尺寸为50mm×70mm或60mm×60mm，而次龙骨截面尺寸为40mm×60mm或50mm×50mm。用于轻质扣板吊顶或实木地板铺设的龙骨截面尺寸为30mm×40mm或25mm×30mm。木龙骨的长度主要有3m与6m两种，其中3m长的产品截面尺寸较小。30mm×40mm的木龙骨价格为1.5~2元/m。

↑木龙骨与板材吊顶造型

★木龙骨的鉴别与选购

↑风干龙骨

↑烘干龙骨

↑木材含水率测试仪

步骤1 注意尺寸

需要特别注意的是木龙骨在加工制作时分为足寸与虚寸两种，足寸是实际成品的尺度规格，而虚寸是型材订制设计时的规格。木龙骨在加工锯切时所损耗的锯末也包括在设计尺寸中，这也是商家所标称的规格，因而虚寸比足寸要大，例如，虚寸为50mm×70mm的木龙骨，足寸可能只有46mm×63mm左右。

步骤2 注意干燥工艺

成品木龙骨一般分为烘干与风干两种，其中烘干木方表面呈交替的深浅色彩，深色为烘干时的架空部位，浅色为叠压部位。这种干燥工艺质量稳定，而风干木方的表面均为同种颜色，可能存在干燥不均的现象，最终在施工中容易导致变形或开裂。

步骤3 观察外观

要仔细观察表面的色彩、纹理、结疤、湿度4个方面的质量。优质产品的色彩应该均衡、饱和，不能有灰暗甚至霉斑存在，纹理应该清晰、自然，年轮色彩对比强烈，甚至锐利，如有结疤则中央不能存在明显开裂。

步骤4 测试含水率

可以抽出包装中央或下部的材料，迅速用干燥的纸巾将其包裹2~3层，用手紧握10~20秒后打开，以没有任何潮湿为佳，也可以采用电子水分检测仪检测。我国南方地区原木的含水率为12%~16%，北方地区为9%~12%，过高或过低都会影响正常使用。

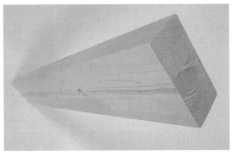

→多根木龙骨粘接而成的复合木龙骨，抗变形性能较好

★木龙骨的安装施工

↑木龙骨涂刷防火涂料

↑木龙骨吊顶施工

↑吊顶构造

步骤1　适应环境

原木与木龙骨在运输至施工现场后应放置7天，让木料充分吸收施工现场的水分，适应施工环境的湿度，保证在施工过程中能够保持稳定的性能，不会产生较大变形。

步骤2　防火处理

木龙骨等木质材料在制作基层内部构造之前，应当涂刷防火涂料，杜绝火灾隐患。

步骤3　龙骨切割

切割木料的切割机应该架设在操作平台台板的下部，操作平台可以采用木芯板与木龙骨制作。裁切木料都应该在操作平台上施工，尽量不要采取手持切割机的方式施工，这样不仅能够保证切割的精确性，还能提升施工的安全性。经过切割的木料应该尽快用于构造制作，防止因过度受潮而发生变形。

步骤4　龙骨结合

木质构造应该采用钉接、胶接、榫接相结合的形式制作，不能单一使用其中一种结合方式，以防不牢固。

↑用于榻榻米地台的木龙骨一般为抛光龙骨，即表面已经经过抛光处理，施工后形成的构造质地细腻均衡，具有很好的装饰效果

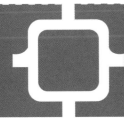

3.2 轻钢龙骨

轻钢龙骨是采用冷轧钢板（带）、镀锌钢板（带）或彩色涂层钢板（带），由特制轧机以多道工序轧制而成。它具有强度高、耐火性好、安装简易、实用性强等优点。

轻钢龙骨可以安装各种面板，配以不同材质、不同花色的罩面板，如石膏板、吊顶扣板等，一般用于主体隔墙与大型吊顶的龙骨支架。轻钢龙骨既能改善室内的使用条件，又能体现不同的装饰风格。目前，具有代表性的就是U形龙骨与T形龙骨。

↑U形龙骨（一）

轻钢龙骨的承载能力较强，且自身重量很小，以吊顶龙骨为骨架，与9mm厚的纸面石膏板组成的吊顶重量约为8kg／m²，比较适合面积较大的客厅吊顶装修。U形轻钢龙骨通常由主龙骨、中龙骨、横撑龙骨、吊挂件、接插件与挂插件等组成。根据主龙骨的断面尺寸大小，即根据龙骨的负载能力及其适应的吊点距离的不同进行分类。

↑U形龙骨（二）

通常将吊顶U形轻钢龙骨分为38、50、60三种不同的系列。隔墙U形轻钢龙骨主要分为50、70、100三种系列。龙骨的承重能力与龙骨的壁厚、大小及吊杆粗细有关。

C形龙骨主要配合U形龙骨使用，作为覆面龙骨使用。C形龙骨又被称为次龙骨，龙骨的凸出端头没有U形龙骨的转角收口，因此承载的强度较低，但是价格较便宜，且用量较大，具体规格与U形龙骨配套。T形龙骨又被称为三角龙骨，只作为吊顶专用，T形吊顶龙骨分为轻钢型与铝合金型两种，过去绝大多数是用铝合金材料制作的，近几年又出现烤漆龙骨与不锈钢面龙骨等。T形龙骨的造型根据吊顶板材来定制，主要有扣接龙骨与插接龙骨两种，适用于不同吊顶板材。T形龙骨的特点是体轻，龙骨（包括零配件）自身重量为1.5kg／m²左右。

轻钢龙骨主要用于家居室内隔墙、吊顶，可按设计需要灵活选用饰面材料，隔墙龙骨配件按其主件规格分为Q50mm、Q75mm、Q100mm，吊顶龙骨按承载龙骨的规格分为D38mm、D45mm、D50mm、D60mm。家居装修用的轻钢龙骨长度主要有3m与6m两种，特殊尺寸可以定制生产。价格根据具体型号来定，一般为5～10元／m。

↑ C形轻钢龙骨

↑ 龙骨吊顶

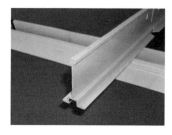

↑ T形扣接龙骨

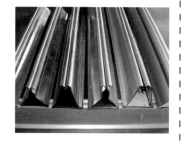

↑ T形插接龙骨

★ 选材小贴士

木龙骨与轻钢龙骨对比

木龙骨可塑性高，可做成灯槽和曲线等造型，但制作成品易变形，易腐蚀、虫蛀，易燃，抗潮性能差，连接处隐患较多；轻钢龙骨自重小、刚度大、防火、防虫、不易变形，制作隔墙吊顶坚固，不易开裂，但由于轻钢龙骨是由主龙骨、覆面龙骨以及挂扣件组成，需要校正水平，对施工工艺也有较高要求，只能做直线条，不适合做特殊造型。

★轻钢龙骨的鉴别与选购

决定轻钢龙骨质量的因素包括：质量上乘的优质镀铝锌钢带，轻钢龙骨成型设备，轻钢龙骨钢带的厚度偏差大小，外观质量，生产龙骨厂家的精细管理。

步骤1　根据断面形状选购

选择轻钢龙骨的时候，先要根据自己的用途选择对应的形状。轻钢龙骨按断面形式有U形、C形、T形、L形等几种，U形和C形龙骨都属于承重型龙骨，可做隔断龙骨，T形和L形龙骨一般用于不上人吊顶。

步骤2　看外观质量

优质的轻钢龙骨外形要平整，棱角清晰，一等品与合格品应该无较为严重的腐蚀、损伤、麻点，龙骨双面镀锌量应≥80g／m²。

步骤3　根据轻钢龙骨厚度选择

轻钢龙骨不能选择低于0.6mm的产品，选购时可看产品的规格说明，长度、厚度等信息在产品说明书上说明。并通过肉眼和手感判断铝扣板的厚度。

步骤4　看轻钢龙骨的表面防锈情况

轻钢龙骨的表面防锈一般会采用双面镀锌层和彩色涂层两种方法，选购轻钢龙骨时可以查看双面镀锌层或彩色涂层是否均匀、一致，这将决定施工后骨架部分是否会因为锈蚀而影响轻钢龙骨的壁厚进而产生变形，继而因受力不均出现顶面或墙面裂缝等质量问题。

↑不同的轻钢龙骨断面形状

↓不同厚度的轻钢龙骨

步骤5 检查轻钢龙骨镀锌工艺

为防止生锈，轻钢龙骨两面应镀锌，选择时应挑选镀锌层无脱落、无麻点的，这样的合格产品在防潮性上才有保障。

步骤6 观察轻钢龙骨上的雪花

品质较好的轻钢龙骨经过镀锌后，表面呈雪花状，选购吊顶时可注意龙骨是否有雪花状的镀锌表面，优质的龙骨雪花图案清晰、手感较硬、缝隙较小。

步骤1 控制间距

在施工中，吊顶龙骨与吊顶板材组成300mm×300mm、600mm×600mm等规格的方格，T形龙骨的承载主龙骨及其吊顶布置与U形龙骨吊顶相同，T形龙骨中距都应≤1200mm，吊点间距为800～1200mm，中小龙骨中距为300～600mm。

步骤2 安装固定

更多的T形龙骨材料适用于厨房、卫生间、封闭阳台，表面经过电氧化或烤漆处理，安装方便，防火、抗震性能良好。中龙骨垂直固定于大龙骨之下，小龙骨垂直搭接在中龙骨的翼缘上。U形轻钢龙骨直接被垂直钢筋吊挂，钢筋规格一般为6mm、8mm、10mm，钢筋与U形轻钢龙骨之间采用配套连接件固定。

★轻钢龙骨的安装施工

↑T形龙骨吊顶

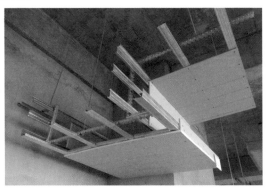

↑轻钢龙骨吊顶

3.3　塑料线条

塑料线条是用硬聚氯乙烯（PVC）塑料制成，其耐磨性、耐腐蚀性、绝缘性较好，经加工一次成形后无需再作装饰处理。

塑料装饰线条品种繁多，可以在很多的装饰构造中应用，正逐步取代传统的木质线条。它价格低廉，色彩丰富，强度高，尤其是规格与造型设计多样，表面色彩纹理可以通过贴塑、印刷等多种手法处理。低档塑料装饰线条的质感、光泽性、装饰性欠佳，价格低廉；高档的塑料纤维装饰线具有加工精细、花纹精美、色彩柔和等特点，但是价格较高。

↑ 木地板踢脚线条

塑料线条的品种一般包括复合木地板配套线条、扣板吊顶线条、瓷砖转角线条三类。塑料装饰线的具体形式有压角线、压边线、封边线等几种，其外形和规格与木线条相同。

塑料线条的常用宽度为10～30mm不等，常用长度为1.8m、2.4m、3.6m。塑料线条的价格很低，表面平整的产品平均价格为3～5元／m，特殊规格或花色的产品大多不超过20元／m。

↑ 木地板收边线条

安装塑料线条时应该根据线条的特征选用不同的方式，通常采用螺钉、卡口件固定或胶黏剂固定。

↑木地板接缝线条

↓木地板电线护套线条

★塑料线条的鉴别与选购

步骤1 关注表面装饰层的材料

单色塑料线条一般是材料的固有色，一般不会褪色或变色，如果表面装饰层是贴膜，就要观察贴膜的紧密程度，尤其是用于卫生间的塑料线条，最好用指甲剥揭一下，如果粘贴很紧则可以放心选购。

步骤2 检查色泽的持久度

可用360#砂纸打磨线条表面，如果很容易褪色或变色则说明质量太差，优质的线条一般不会轻易褪色。

步骤3 注意线条的厚度

合格产品的片状截面厚度应≥1mm，有的线条虽然比较硬朗，但是内部却为空心的管状，并不能满足高强度施工或长期使用的要求。

步骤4 准确计算好用量

虽然塑料线条的价格低廉，但是在安装施工中要尽量避免在直边上出现接头，因此要测量施工部位的尺度，对比购买产品的长度规格，精确计算好购买数量，否则浪费很大。

★ 塑料线条的安装施工

步骤1　**粘贴安装**

　　塑料线条的施工方法比较简单，可直接采用强力万能胶涂抹在线条背面，等待2min左右即可将线条粘贴在指定界面上。但是强力万能胶不适用于乳胶漆、真石漆等涂料界面，可以适当选用中性玻璃胶作辅助粘贴。在金属或木质材料表面粘贴塑料线条时，最好配合螺钉或其他卡扣件固定。

步骤2　**卡扣安装**

　　部分塑料线条也可以运用自身卡扣结构与安装基础进行接触，这种卡扣连接多配合螺钉、胶水辅助粘接。

↑扣板吊顶线条

↑扣板吊顶线条应用

↑瓷砖转角线条

↑瓷砖转角线条应用

★ 选材小贴士

选购塑料线条注意事项

　　装饰线条在装修里是起到美观的作用的，是突出或镶嵌在墙体上的线条。定额规定，装饰线条安装工程量按线条中心线以延长米计算，你可以利用布置房间，从其房间周长求线条长，也可利用自定义线来布置。

3.4 隔声棉

隔声棉是一种人造纤维材料，主要为玻璃纤维和聚酯纤维两种。隔声棉具有较大的内部空隙，能将声音吸附，起到隔声效果。

　　聚酯纤维棉由超细的聚酯纤维组成，具有立体网状多孔结构，从而形成更多相互连接的孔隙。在摩擦损耗等作用下，其声能被转化为热能从而使声音被有效地加以抑制，也使得环保聚酯纤维隔声棉具有了比传统玻璃纤维棉、岩棉等材料更优越的吸声性能。目前，在家居装修中使用最多的是聚酯纤维隔声棉。

↑玻璃纤维隔声棉卷材具有弹性，适用于吊顶内部横向放置

↑玻璃纤维隔声棉板材，弹性较小，适用于隔墙内竖向放置

↑ 玻璃纤维隔声棉

↑ 聚酯纤维隔声棉

目前，在聚酯纤维隔声棉的基础上还研发了梯度隔声棉，它属于聚酯纤维隔声棉的一种，它在生产时使用100%聚酯纤维，利用热处理方法来实现密度多样化，采用层状叠压，严格控制压力，从而生成阶梯状密度，在手感上软硬度成渐递结构。

除了能达到普通聚酯纤维隔声棉消除说话声音等中高频噪声的效果外，梯度隔声棉还能吸收电器、家具、墙地面、鞋底振动而产生的低频噪声。梯度隔声棉在现代家居装修中应用较多，主要用于石膏板吊顶、隔墙的内侧填充，尤其是填补龙骨架之间的空隙；或用于家具背部、侧面覆盖，对于隔声要求较高的砖砌隔墙，也可以将聚酯纤维隔声棉挂贴在其表面，再采用1：1水泥砂浆找平。

聚酯纤维隔声棉一般成卷包装，密度为12kg／m³，宽度为1m，长度为10m或20m，厚度为20～100mm不等，主要用于装修施工中的产品一般厚度在50mm左右，价格为15～20元／m²。

★ 选材小贴士

隔声棉和吸声材料的区别

吸声和隔声有着本质上的区别，吸声材料着眼于声源一侧反射声能的大小，目标是反射声能要小，具有一定的消声作用；隔声材料着眼于入射声源另一侧的透射声能的大小，目标是透射声能要小。隔声材料是阻断了声音的传播，但容易引起声能反射，在具体应用中，隔声棉和吸声材料常常结合在一起，并发挥综合的降噪效果。要达到最佳的隔声与吸声效果，往往不能只使用一种材料，选用2～3种不同密度的隔声棉时，叠加使用效果最佳。

★隔声棉的鉴别与选购

↑聚酯纤维隔声棉（一）

↑聚酯纤维隔声棉（二）

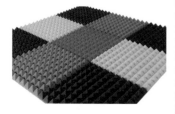

↑环保隔声的吸声棉

步骤1　看色彩

优质产品颜色应该为白色，不能有白、灰不一的现象。

步骤2　观察产品侧面

仔细观察隔声棉的层次是否分布均匀，如果纤维的厚薄不均则说明质量不高。

步骤3　检查杂质含量

注意查看板材中是否含有较硬的杂质，优质的产品不应该有任何杂质。

步骤4　看品牌

认清产品品牌与生产厂家，可以上网查看其知名度与产品质量体系认证等情况。

步骤5　看组成材质

隔声棉在生产加工方面选用的原材料种类繁多，常见的有矿物纤维、玻璃纤维、聚酯纤维、高密度海绵等。各种隔声棉对于高中频声音的吸声性能较好，但对低频声音的吸声效果相对较差。

步骤6　看手感

隔声棉为蓬松材料，挑选时应注意内部主要表现为蓬松交错，有大量的内外连通的小孔，且材质分布均匀。手感柔软且表面平整的为上好的隔声棉。

步骤7　看防火等级

可以取隔声棉样品，进行燃烧测验，查看燃烧情况，不易燃烧的为优质品。

步骤8　看环保功能

有些隔声棉有明显的刺激性气味，皮肤与之接触会出现红疹瘙痒症状，可根据使用场所选用不同环保级别的材料。

步骤9　装饰效果

有些场所选用的隔声棉主要用于外饰面，有些则用于夹层中，选购前要弄清哪些可用于夹层，哪些可用于外饰面。

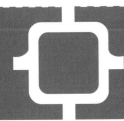

3.5 铝合金门窗

铝合金门窗是指采用铝合金挤压型材为框、梃、扇料制作的门窗，简称铝门窗。铝合金门窗的设计、安装形式与塑钢门窗一致，只是材质改为铝合金，无须钢衬（加强筋）存在，结构更加简单。

　　铝合金门窗一般采用壁厚1.4mm的高精度铝合金型材制作。门窗扇开启幅度大，室内采光更充足，可以采用无地轨道设计，让出入通行毫无障碍。吊轮采用高强度优质滑轮，其滑动自如、静音顺滑。铝合金门窗的耐久性更好，使用维修方便，不锈蚀、不褪色、不脱落，零配件使用寿命长，装饰效果好。铝合金型材表面有人工氧化膜并着色形成复合膜层，具有耐蚀、耐磨的性能，且有一定的防火力，光泽度极高。此外，铝合金门窗由于自重轻，加工装配精密，因而开闭轻便灵活，无噪声。

↑铝合金门窗样本

↑铝合金门窗安装效果

铝合金推拉门窗有70系列、90系列两种，住宅内部的铝合金推拉门用70系列即可。铝合金系列数表示门框厚度构造尺寸的毫米数。常见铝合金推拉窗有55系列、60系列、70系列、90系列四种。选用时应根据窗洞大小及当地风压值而定，用作封闭阳台的铝合金推拉窗应不小于70系列。

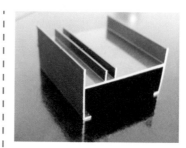
↑铝合金型材

↑铝合金门窗滑轨

↑砂纸打磨使门窗使用更便捷

↑合适的窗扇铰链能够加强使用寿命

铝合金门窗一般用于住宅外墙门窗制作，或用于卫生间、厨房、阳光房、阳台等空间的分隔、围合。以采用5mm厚的普通玻璃为例，铝合金门窗的成品价格为250～400元／m²。

★选材小贴士

铝合金门窗价格的计算方法

1.单价低的情况

单价（低）×面积+五金件单价（高）×数量+隐形纱窗150元×数量+防水胶10元/米×长度+横梁／立柱／加强拼位240元×长度+五金件锁点合页风撑等辅料=总价

2.单价高的情况

单价（高）×面积+五金件单价（低）×数量+隐形纱窗100元×数量=总价，阳台转角需另外计算

★铝合金门窗的鉴别与选购

↑优质的辅料能增强铝合金门窗的耐用性

↑优质铝合金门窗的型材触感光滑，不易老化

★铝合金门窗的安装施工

步骤1　测量厚度

优质铝合金门窗所用的铝型材，厚度、强度以及氧化膜等都应该符合国家相关标准规定，铝合金窗主要受力杆件的壁厚应不小于1.4mm，铝合金门主要受力杆件壁厚应不小于2mm。

步骤2　观察表面

同一根铝合金型材色泽应一致，如色差明显，则不宜选购。铝合金型材表面应无凹陷、鼓出、气泡、灰渣、裂纹、毛刺、起皮等明显缺陷。

步骤3　检查耐用性

选购时可在铝合金型材表面用360#砂纸打磨，并仔细观察铝合金门窗表面氧化膜是否会轻易褪色。

步骤4　看加工工艺

优质的铝合金门窗，加工精细，安装讲究，密封性能好，开关自如；劣质的铝合金门窗，随意选用铝材规格，加工粗制滥造，以锯切割代替铣加工，不按要求进行安装，密封性能差，开关不自如，不仅漏风漏雨，还会出现玻璃炸裂现象，而且遇到强风或外力，容易造成玻璃刮落或碰落。

步骤1　正确储存

铝合金门窗设备安装前应放置在通风、干燥、清洁、平整的地方，且应避免日晒雨淋，不得与腐蚀性物质接触。

步骤2　轻拿轻放

铝合金门窗设备安装前存储不应直接接触地面，底部垫高不应小于50mm，将铝合金门窗挪出室外时，应轻拿、轻放，不得撬、甩、摔，且必须保证产品不变形、不损坏、表面完好。

↑铝合金门窗合格的存储方式

↑铝合金门窗可按照大小顺序排列存放

步骤3　检查配件

在安装之前，应该根据规划进行施工，查看门窗品种、标准、开启方向以及配件。

步骤4　放线定位

铝合金门窗框的装置应在室内粉刷和室外粉刷等湿工作结束后进行，门窗扇的装置应在门窗框粉刷结束后进行，土建方在门窗框装置前应提前弹出门窗垂直线、水平线、进出线。

步骤5　组合安装

铝合金门窗装入洞口时应横平竖直，外框与洞口应弹性衔接，衔接件厚度应在1.5mm以上、宽度在20mm以上、其距离不大于500mm，衔接件还需经镀锌等处理。

步骤6　安装玻璃

在安装玻璃前，应铲除槽口内灰浆、杂物，并疏通排水孔，玻璃镶入窗框后应立即用一般密封条或垫条固定，填充密封胶后表面应平坦光亮。

↑查验材料

↑拼接组装

↑组装固定

↑固定边框

↑安装玻璃凹槽

↑填充填缝剂

↑完全用于室内可购置抛光铝合金型材，其表面更光亮，具有较好美感，加工安装比不锈钢简便很多

辅助材料一览 ●大家来对比 ●

品　种	性 能 特 点	适用部位	价　格
木龙骨	质地均匀，厚实密实，价格较低，容易变形	室内家具、构造、隔墙等基础	30mm×40mm，2~4元/m
轻钢龙骨	质地稳定，规格较大，强度高	室内构造、隔墙等基础	Q75mm，8~10元/m
塑料线条	质地较软、轻盈，形态单一，便于安装，价格低廉	室内家具、吊顶、构造等局部修饰	边长25mm，4~5元/m
隔声棉	密度大小不一，结构紧密，吸声效果好	室内吊顶、隔墙中安装	厚50mm，20~30元/张
铝合金门窗	质地坚硬，表面色彩丰富，框架适中，密封性较好，耐候性好，质地较轻，价格适中	室内外隔墙、门窗	厚5mm玻璃，250~400元/m²

参考文献

[1] 李继业，夏丽君，李海豹. 建筑装饰材料速查手册. 北京：中国建筑工业出版社，
2016.

[2] 安素琴. 建筑装饰材料识别与选购. 北京：中国建筑工业出版社，2010.

[3] 李吉章. 家装选材一本就go. 北京：中国电力出版社，2018.

[4] 王旭光，黄燕. 装饰材料选购技巧与禁忌. 北京：机械工业出版社，2008.

[5] 吴燕. 家庭装饰材料选购指南. 南京：江苏科学技术出版社，2004.

[6] 上海大师建筑装饰环境设计研究所，石珍. 建筑装饰材料图鉴大全. 上海：上海科学
技术出版社，2012.

[7] 陈亮奎. 装饰材料与施工工艺. 北京：中国劳动社会保障出版社，2014.

[8] 张乘风. 家庭装饰装修材料选购. 北京：中国计划出版社，2009.

[9] 张清丽，李本鑫，周岩枫. 室内装饰材料识别与选购. 北京：化学工业出版社，
2013.